生命的旅程

从一粒种子到一棵树

（美）劳拉·珀迪·萨拉斯/文　（美）杰夫·耶什/图　丁克霞/译

北京时代华文书局

图书在版编目（CIP）数据

从一粒种子到一棵枫树 ／（美）劳拉·珀迪·萨拉斯文；（美）杰夫·耶什图；丁克霞译 . -- 北京：北京时代华文书局，2019.5
（生命的旅程）

书名原文：From Seed to Maple Tree

ISBN 978-7-5699-2957-7

Ⅰ . ①从… Ⅱ . ①劳… ②杰… ③丁… Ⅲ . ①植物—儿童读物 Ⅳ . ① Q94-49

中国版本图书馆 CIP 数据核字 (2019) 第 032540 号

From Seed to Maple Tree Following the Life cycle

Author: Laura Purdie Salas

Illustrated by Jeff Yesh

Copyright © 2018 Capstone Press All rights reserved. This Chinese edition distributed and published by Beijing Times Chinese Press 2018 with the permission of Capstone, the owner of all rights to distribute and publish same.

版权登记号 01-2018-6436

生命的旅程　从一粒种子到一棵枫树

Shengming De Lücheng Cong Yili Zhongzi Dao Yike Fengshu

著　者｜（美）劳拉·珀迪·萨拉斯／文；（美）杰夫·耶什／图

译　者｜丁克霞

出 版 人｜王训海

策划编辑｜许日春

责任编辑｜许日春　沙嘉蕊　王 佳

装帧设计｜九 野　孙丽莉

责任印制｜刘 银

出版发行｜北京时代华文书局 http://www.bjsdsj.com.cn

　　　　北京市东城区安定门外大街 138 号皇城国际大厦 A 座 8 楼

　　　　邮编：100011 电话：010-64267955 64267677

印　刷｜小森印刷（北京）有限公司　　电话：010－80215073

　　　　（如发现印装质量问题，请与印刷厂联系调换）

开　本｜787mm×1092mm　1/20　　印 张｜12　字 数｜125 千字

版　次｜2019 年 6 月第 1 版　　印 次｜2019 年 6 月第 1 次印刷

书　号｜ISBN 978-7-5699-2957-7

定　价｜138.00 元（全 10 册）

枫树的生命周期

　　和动物一样，树和其他植物也有自己的生命周期。世界上有很多种类的树。我们一起来了解一下枫树的生命周期吧，看看它们是如何随着季节和年份而变化的。

枫树是落叶植物，这意味着它们每年都会落一次叶子。

春天的种子

　　树最开始是以种子的状态存在。即使最大的树，最开始也只是一粒小小的种子。冬天快结束的时候，枫树的种子会落到地面上。之后白天变得越来越长，雪也慢慢消融。接着，种子生长、发芽的时节就到来了。

巨大的红杉树可以长到约91.5米高，树干约9.2米粗。即便如此，红杉树一开始也只是一颗小小的种子。

幼苗

　　一条强壮的白色的根从枫树种子内部冲出，深入地下。一条茎向上生长，穿破土壤，伸向空中。

种子慢慢长成一株小植物，这株幼小的植物叫作幼苗。阳光和水可以帮助幼苗长得越来越强壮。

枫树的幼苗是白尾鹿最喜欢的食物之一。

茁壮成长

　　每年，种子都会在春季和夏季迅速成长。这两个季节的阳光和温暖天气对树木的成长非常有利。枫树每年大概能长高0.3米。它们的躯干也随之越来越粗壮。

　　当幼苗高于2米的时候，它们就长成了小树。接下来的30~40年，小树还会继续成长。之后，它们就成长为一棵棵成年的枫树，生长速度也会逐渐慢下来。

枫树可以长到21～34米高。它们的寿命可以长达300～400年。

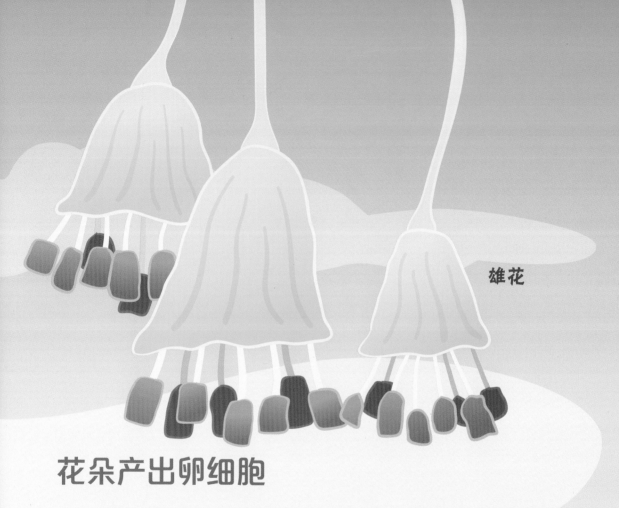

雄花

花朵产出卵细胞

    一棵成年的枫树会在春季时开花，颜色淡黄，花朵下垂。枫树的每朵花可以既包括雄性器官，又包括雌性器官。不过，也会出现只有雄性器官或只有雌性器官的花朵。花的雄性器官会产出一种黄色粉末，叫作花粉。花朵的雌性器官则负责产生胚珠。

雌花

枫树开花的时候，整个树冠看起来是黄色的。

从花朵到果实

　　风和昆虫能够协助枫树花粉的传播。风会把花粉吹到另一朵枫树花上面。蜜蜂和其他昆虫也能携带花粉。花粉最后降落到一朵花的雌性器官上，这个过程就叫作授粉。

14

蜜蜂可以帮着授粉。当蜜蜂停在一朵枫树花上吮吸花蜜，花朵上的花粉就会粘在蜜蜂的脚上。当它们飞到另一朵花上时，脚上携带的花粉就会留下。

15

果实

受粉了的枫树花会结出果实，这个坚硬的果实叫作双翅果。它们看起来就像一对对带有小翅膀的种子。

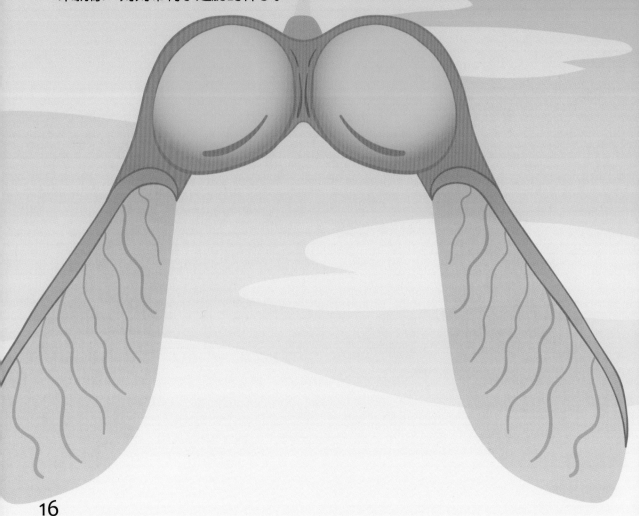

9月或10月时，果实逐渐成熟，然后从树上掉落。通常，一颗果实里面会有一粒种子。这粒种子将来能够长成一棵新的枫树。

秋天，种子被落叶覆盖，这对种子很有利。落叶隐藏了种子，使它们躲过松鼠、鸟类，以及其他捕食种子的动物的"搜查"。

飞翔的种子

　　双翅果的形状可以帮助果实乘风飞翔。果实能随风飞到离母树很远的地方。

　　母树会从土壤里面获取大部分的水分和食物。因此，种子们在距离母树远一些的地方反而能生长得更好。冬季时，寒冷、潮湿的环境对种子来说也是必要的。这些条件有利于它们来年春天的发芽。

叶子的绿色来源于叶绿素。秋季，由于可吸收的阳光变少，树叶开始分解叶绿素来获得能量，之后，树叶的颜色会变得鲜艳，但它们很快就会从枝头凋落。

19

越冬

冬季时，双翅果会静静地躺在地上。此时，它们不会裂开，也不会开始生长。不过，种子仍然是活的，并在为春天的到来做着准备。

当春天来临，日照变长，地面也开始变得暖和。接着，枫树的种子开始发芽，枫树的生命周期就又重新开始了。

有着30年以上树龄的枫树就算是成年树了。大多数枫树死于病虫害，还有一些被人类砍倒了。

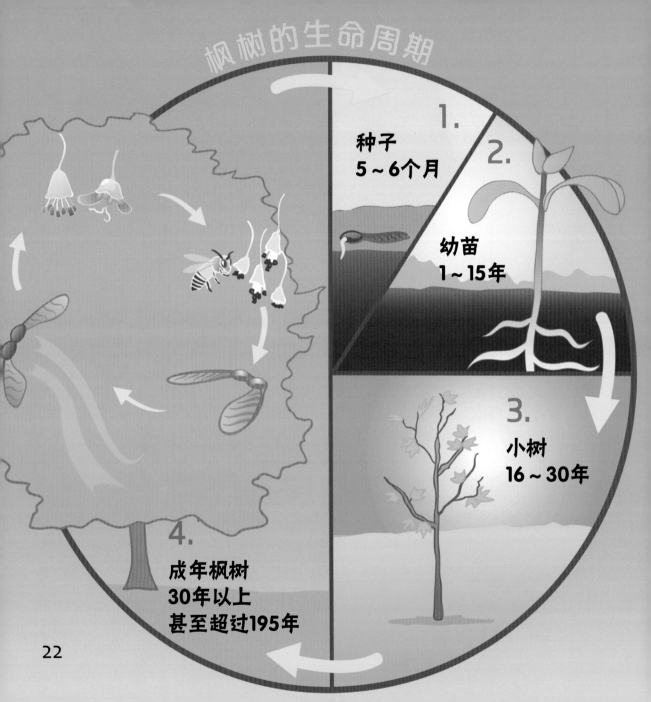

枫树的生命周期

1.
种子
5～6个月

2.
幼苗
1～15年

3.
小树
16～30年

4.
成年枫树
30年以上
甚至超过195年

22

有趣的冷知识

★ 在森林里，枫树可以长得又高又直；在露天开阔的地方，它却又可以在地面附近就舒展枝叶，横向蔓延。

★ 当人们在树上刻字的时候，其实和有人在我们胳膊上割一刀是一样的。细菌可以通过树皮上的这个切口进入树干。

★ 枫糖浆产自枫树。每年春天，人们都会用枫树干中流出的树液（或者甜浆）来制作枫糖浆。

★ 树木的生长，受到很多环境因素的影响。光照的强弱、水分的多少、温度的高低、土壤的好坏，都可能加快或延缓树木成长。因为这些因素每年都不相同，所以，每棵树每个生长阶段所花费的时间也会有很大差异。

成年枫树